BEI GRIN MACHT SICH IHR WISSEN BEZAHLT

Bibliografische Information der Deutschen Nationalbibliothek:

Die Deutsche Bibliothek verzeichnet diese Publikation in der Deutschen National-
bibliografie; detaillierte bibliografische Daten sind im Internet über http://dnb.d-
nb.de/ abrufbar.

Impressum:

Copyright © 2010 GRIN Verlag, Open Publishing GmbH
Druck und Bindung: Books on Demand GmbH, Norderstedt Germany
ISBN: 9783640650538

Dieses Buch bei GRIN:

http://www.grin.com/de/e-book/152527/gefaehrdung-der-weltmeere-eine-unter-
richtsstunde-im-fach-geographie

Ron Klug

Gefährdung der Weltmeere - Eine Unterrichtsstunde im Fach Geographie, Klassenstufe 9

GRIN Verlag

GRIN - Your knowledge has value

Der GRIN Verlag publiziert seit 1998 wissenschaftliche Arbeiten von Studenten, Hochschullehrern und anderen Akademikern als eBook und gedrucktes Buch. Die Verlagswebsite www.grin.com ist die ideale Plattform zur Veröffentlichung von Hausarbeiten, Abschlussarbeiten, wissenschaftlichen Aufsätzen, Dissertationen und Fachbüchern.

Besuchen Sie uns im Internet:

http://www.grin.com/

http://www.facebook.com/grincom

http://www.twitter.com/grin_com

Staatliches Seminar für Lehrämter Halle (Saale)

Lehramt an Gymnasien

Ausführlicher Unterrichtsentwurf für den

Prüfungsunterricht

im Fach Geographie

gemäß §18 (5) der Verordnung über den Vorbereitungsdienst und
die Zweite Staatsprüfung für Lehrämter im Land Sachsen-Anhalt
vom 10. Juli 2007

Thema der Unterrichtsstunde:

Gefährdung der Weltmeere

Thema der Unterrichtseinheit:

Das Weltmeer

Ausbildungsschule:

Prüfungsvorsitzende:

Schulleiterin:

Hauptseminarleiterin:

Fachseminarleiterin:

Mentorin:

Studienreferendar: Ron Klug

Datum: 14.04.2010

Uhrzeit: 10:25-11:10 Uhr

Klasse: 9_1

Raum:

Inhaltsverzeichnis

1 Bedingungsanalyse

Die Lerngruppe ist eine 9. Klasse eines städtischen Gymnasiums in Halle. Bereits seit dem letzten Schuljahr wird die Klasse unterrichtet. Anfangs geschah dies nach einer Hospitationsphase im Rahmen des betreuten Unterrichts, seit diesem Schuljahr eigenverantwortlich.

Die Klasse besteht aus 21 Schülern, 13 Jungen und 8 Mädchen. Die überwiegende Prägung der Klasse durch die Jungen ist für die Unterrichtspraxis unproblematisch, denn das Klassenklima ist insgesamt sehr ausgeglichen. Das Lehrer-Schüler-Verhältnis im Geographieunterricht kann als harmonisch beschrieben werden und es besteht eine gute Kenntnis des Leistungsvermögens der einzelnen Schüler.

Acht Schüler haben einen Migrationshintergrund. Probleme oder wesentliche Einschränkungen bei der Teilnahme am Unterricht haben sich daraus bislang nicht ergeben. Unter den Schülern mit Migrationshintergrund gibt es eine ebenso breite Streuung im Leistungsvermögen und im Lernverhalten wie bei Schülern ohne Migrationshintergrund.

Die erbrachten Leistungen in der Klasse sind oft nur befriedigend bis ausreichend. Die Leistungsspitze mit guten und sehr guten Leistungen bilden XXXX, XXXXX, XXX, XXXX und XXXX X. XXXXXXXXXXXXXXXXXXXXXXXXXXXXXXXXXXX XXXX XXXXXXXXXXXXXXXXXXXXXXXXX XXXXXXXXXXXXX.

Auffällig ist, dass es eine Reihe von Schülern gibt, die durch hervorragende Mitarbeit zwar ein hohes Interesse am Geographieunterricht zeigen, dies in den schriftlichen Leistungserhebungen aber nicht immer umsetzen können. So zum Beispiel XXX XXX, XXXXX und XXXXX.

XXXXX und XXXX erfüllen Arbeitsaufträge meist sehr viel schneller als ihre Mitschüler. Sie erhalten dann zum Beispiel weiterführende Aufgaben. Dies wird in der Vorbereitung und Durchführung des Unterrichts nach Möglichkeit berücksichtigt. Wie sich in Unterrichtsgesprächen und Diskussionsphasen gezeigt hat, liegen die Stärken der Klasse eindeutig im mündlichen Bereich und die Motivation ist dann auch erkennbar höher als bei schriftlich zu erbringenden Leistungen. Diesem Umstand wird durch eine regelmäßige Berücksichtung verschiedener Gesprächsformen im Unterricht, aber auch durch die kontinuierliche Förderung handlungsorientierter und schriftlicher Arbeitsphasen Rechnung getragen. Diese Aspekte bilden die Planungsgrundlage für den vorliegenden Stundenentwurf.

Des Weiteren zeigten die Schüler bislang eine hohe Motivation und gute Arbeitsergebnisse bei Arbeitsphasen in Gruppenarbeit, deshalb wird diese Sozialform auch in der vorliegenden Planung berücksichtigt.

2 Bezug zu den RRL und Einordnung der Stunde in die Sequenz

Die geplante Unterrichtsstunde ist Bestandteil der Unterrichtssequenz „Das Welt-meer", welche sich in den größeren Zusammenhang des in den Rahmenrichtlinien ausgewiesenen Themas „Lebensraum Erde" (Thema 8.3) einordnet (vgl. KMLSA 2003, S. 82). Dieses Thema schließt in der Klassenstufe neun an die Behandlung der Kulturerdteile Angloamerika und Australien / Ozeanien an und hat einen systematisie-renden Charakter.

Für das Thema „Das Weltmeer" sehen die Auswahlempfehlungen der Rahmen-richtlinien neben der „Gliederung und Bedeutung" auch die „Nutzung und Gefährdung" der Weltmeere zur Behandlung im Unterricht vor (vgl. ebd., S. 82).

Die Sequenz „Das Weltmeer" steht in thematischem Zusammenhang mit bereits zuvor behandelten Themen. So haben die Schüler die funktionelle Bedeutung des Meeres z. B. bei der Entstehung und der geomorphologischen Entwicklung von Koral-leninseln im Thema Australien / Ozeanien kennen gelernt.

Ein thematischer Zusammenhang besteht auch zum weiterführenden Kursthema „Geoökosysteme[1] – Ausstattung und Nutzungsprobleme" in der Qualifikationsphase (vgl. KMLSA 2003, S. 100f.), wofür in der geplanten Unterrichtssequenz bereits grund-legende Kenntnisse vermittelt werden.

Die geplante Unterrichtsstunde ist die vierte der insgesamt fünf Unterrichtsstun-den umfassenden Sequenz und bildet die Schnittstelle zwischen der Bedeutung und Nutzung des Weltmeers und dessen notwendigen Schutz.

Stunde	Inhalte
1.	Räumlicher Überblick
2.	Wasserhaushalt, Wasserkreislauf und Klimaregulation
3.	Wirtschaftliche Bedeutung des Weltmeers
4.	**Gefährdung der Weltmeere**
5.	Meeresschutz

Thema der Unterrichtssequenz: Das Weltmeer

---

[1] Aquatische und marine Ökosysteme (vgl. KMLSA 2003, S. 101).

3 Lernziele

Grobziel der Stunde

Die Schülerinnen und Schüler schärfen ihr Bewusstsein für die Gefährdung der Weltmeere, indem sie die verschiedenen Eintragsmöglichkeiten kennen und die Meeresverschmutzung durch Öl experimentell nachvollziehen.

Kognitive und instrumentelle Lernziele

- Indem die Schülerinnen und Schüler ein Kreisdiagramm auswerten, kennen sie die verschiedenen Quellen der Meeresverschmutzung.

- Die Schülerinnen und Schüler kennen die Möglichkeiten und Folgen des Eintrags von Schadstoffen in das Meer, indem sie einem Sachtext zielgerichtet Informationen entnehmen und eine schematische Darstellung auswerten.

- Die Schülerinnen und Schüler kennen die Problematik des Ölteppichs auf dem Meer, indem sie diese in einem Experiment nachvollziehen.

Affektive Lernziele

- Die Schülerinnen und Schüler sind durch eine Karikatur für das Thema sensibilisiert.

- Die Schülerinnen und Schüler können die Gefahr von Ölverschmutzungen nachvollziehen, indem sie diese in einem Experiment veranschaulichen.

Soziale Lernziele

- Die Schülerinnen und Schüler festigen ihre sozial-kooperativen Fähigkeiten, indem sie ein Experiment in Kleingruppen durchführen.

4   Sachanalyse

Die in der Einstiegsphase verwendete Karikatur zeigt den Wassergott Neptun mit Krone und Dreizack. Er steht knietief in Abfällen, die aus dem Meer stammen, z. B. ein altes Ölfass und eine Fahrradfelge. Er ist weiterhin von toten Fischen und Fischgräten umgeben. Die Karikatur soll somit die Verschmutzung der Meere und die Gefährdung der Lebewesen im Meer kritisieren.

Die Quellen der Meeresverschmutzung, bezogen auf Ölverschmutzungen, stammen zu 36 % aus städtischem Ölabfall und industriellem Ölabfall, zu 21 % von Tankerreinigungen und jeweils zu 12 % von Tankerunfällen und sonstigen Ursachen der Schifffahrt. Nur 9 % machen atmosphärische Einträge aus und 8 % sind natürliche Ursachen. 2 % der Ölverschmutzung werden von der Offshoreförderung verursacht (vgl. Protze & Colditz 2005, S. 88). Diese Werte stellen allerdings Schätzungen dar, da genaue Messungen nur schwer durchzuführen sind und die Ursachen auch veränderlich sein können (vgl. van Bernem & Lübbe 1997, S. 8).

Es werden drei hauptsächliche Arten des Eintrages von Schadstoffen in das Meer unterschieden. Beim *direkten* Eintrag versickern Schadstoffe im Uferbereich oder werden durch Leitungssysteme eingeleitet. Auch defekte Pipelines, Lecks an Tankern und Schiffsunglücke zählen zum direkten Eintrag. Schadstoffe gelangen zu einem großen Teil durch *Flüsse* ins Meer, z. B. in Form gelöster Schwermetalle aus der Industrie, Phosphaten aus der Landwirtschaft sowie Ölen und Waschmittelrückständen aus Verdichtungsräumen. Der *flächenhafte* Eintrag von Schadstoffen erfolgt über die Atmosphäre durch Verbrennungsreste und Schadstoffe aus Autoabgasen sowie radioaktiven Stäuben durch Reaktorunfälle (vgl. Protze & Colditz 2005, S. 88).

Die Ölverschmutzung der Meere soll durch ein Experiment veranschaulicht werden. Dabei wird eine bestimmte Menge Speiseöl in eine Form mit Wasser gegeben. Das Öl breitet sich flächenhaft aus, bildet Flecke und schwimmt auf der Wasseroberfläche, da es leichter ist. Beim Versuch, das Öl von der Wasseroberfläche mit einem Löffel abzuschöpfen, stellt sich heraus, dass das Öl schnell vom Löffel tropft, da es vom schwereren Wasser verdrängt wird. Erst durch die Zugabe von Holzspänen, die als Bindemittel wirken, gelingt die Trennung von Öl und Wasser (vgl. Hell 2005, S. 16f.).

Der Weg des Öls vom Unfallort zur Küste dauert mehrere Monate bis Jahre. In der ersten Phase, die mehrere Stunden oder Tage dauert, breitet sich das Öl zunächst aus. Es entsteht ein Ölteppich (vgl. Leser 2001, S. 587). Das Öl setzt giftige Dämpfe frei, die in die Atmosphäre gelangen und im Meerwasser werden Gifte gelöst. In der zweiten Phase schreitet die Ölschlammbildung weiter voran und es kommt zu einer Feinverteilung von Ölklumpen im Wasser. Der biologische Abbauprozess ist sehr langwierig. In der letzten Phase lagern sich Ölklumpen an der Küste ab. In allen Phasen erfolgt eine direkte Schädigung der Meereslebewesen (vgl. Himbert 2006, S. 41).

5   Didaktische Überlegungen

Die Behandlung des Themas und die dazugehörigen Lernziele ergeben sich grundlegend aus den inhaltlichen Vorgaben der Rahmenrichtlinien (vgl. KMLSA 2003, S. 81). Weiterhin entsprechen das Stundenthema und die Lernziele dem Anliegen der geographisch-fachdidaktischen Konzeption und Zielsetzung im Schuljahrgang 9, denen zufolge es im Geographieunterricht nicht um die „stereotype Anhäufung individueller Fakten" geht, sondern die bislang „erworbenen regionalgeographischen Kenntnisse zu verallgemeinern, zu systematisieren und zu transferieren" (ebd., S. 10f.).

Durch die Behandlung des Themas „Gefährdung der Weltmeere" im Geographieunterricht werden die Schüler für ein ökologisches Problem globalen Maßstabs sensibilisiert. Das Thema ist für die Schüler deshalb in besonderer Weise zur Ausprägung eines Umweltbewusstseins geeignet und zeigt exemplarisch die Fragilität des maritimen Ökosystems in seiner räumlich-funktionalen Vernetzung. Diese affektive Komponente spielt in der aktuellen Lebensphase der Schüler im Alter von 15 Jahren eine entscheidende Rolle, da sie den Umgang des Menschen mit seiner Umwelt zunehmend bewusst und eigenständig kritisch reflektieren. Auch für die zukünftige Entwicklung der Schüler ist die Ausbildung eines Umweltbewusstseins von entscheidender Bedeutung, da der Schutz und die Erhaltung der natürlichen Grundlagen der Erde Voraussetzungen für nachhaltiges Leben und Wirtschaften sind.

Neben den Inhalten folgen auch die methodischen Entscheidungen den fachdidaktischen Grundsätzen. So haben die Schüler im vorangegangenen Geographieunterricht bereits zahlreiche Erfahrungen im Umgang mit Diagrammen aller Art. In der geplanten Unterrichtsstunde festigen die Schüler ihre Fähigkeiten in der Auswertung und Interpretation von Diagrammen anhand eines Kreisdiagramms. Dies entspricht der in den Rahmenrichtlinien geforderten zu entwickelnden Methodenkompetenz „Arbeit mit Statistiken" (vgl. KMLSA 2003, S. 24) und den in den Bildungsstandards ausgewiesenen „Standards für den Kompetenzbereich Erkenntnisgewinnung / Methoden" (vgl. DGFG 2007, S. 18ff.). Auch das geplante Experiment ist durch den von PISA geforderten Erwerb einer naturwissenschaftlichen Grundbildung (Scientific Literacy) und die Bildungsstandards didaktisch legitimiert (vgl. Lethmate 2006, S. 6).

6   Methodische Überlegungen

Der Einstieg in die Unterrichtsstunde erfolgt mit einer Karikatur (Folie 1), welche die Schüler beschreiben und interpretieren sollen. Dadurch ist ein motivierender Zugang zum Thema gewährleistet, denn die Karikatur, die den mit Müll beladenen Neptun zeigt, veranschaulicht den Unterrichtsgegenstand auf provokative und komprimierte Art und Weise (vgl. Meyer 2005, S. 138). Als Alternative könnte die Präsentation verschiedener Zeitungsmeldungen über Tankerunfälle in Betracht gezogen werden. Allerdings hat die Karikatur ein größeres Motivierungspotenzial.

Nach der Hinführung zum Thema, werten die Schüler ein Kreisdiagramm über die Quellen der Meeresverschmutzung aus. Der didaktische Einsatz eines Diagramms erfolgt in Abhängigkeit des jeweiligen Informationsgehalts und eignet sich in der geplanten Unterrichtsstunde für die Hinführung zur Problemstellung (vgl. Rinschede 2005, S. 324). Ziel dieser Erarbeitungsphase ist es, die verschiedenen Ursachen und deren Gewichtung zu erkennen.

Gegenstand der folgenden Erarbeitungsphase sind die verschiedenen Möglichkeiten des Eintrags von Schadstoffen in das Meer. Die Erarbeitung soll arbeitsteilig durchgeführt werden, jede Bankreihe ist für eine andere Eintragsart zuständig. Die Sicherung erfolgt an der Tafel. Alternativ wäre auch eine Variante denkbar, in der alle Schüler alle Punkte bearbeiten und anschließend gemeinsam auswerten. Diese Variante wurde aber mit Blick auf die zur Verfügung stehende Zeit verworfen. Leistungsstärkere Schüler erhalten bei Bedarf eine weiterführende Aufgabe, in der sie die Hauptaussagen des Schlussteils des Textes zusammenfassen und vorstellen.

Die Hinführung zur nächsten Erarbeitungsphase erfolgt durch das Bild (Folie 2) eines auf Grund gelaufenen Frachtschiffes und eine Radiomeldung (Länge: 16 Sekunden), die die Schüler anhören und mit eigenen Worten zusammenfassen sollen. In der Radiomeldung wird auf ein aktuelles Ereignis vom 03.04.2010 Bezug genommen, bei dem der chinesische Frachter „Shen Neng 1" auf das Große-Barriere-Riff aufgelaufen ist und Öl zu verlieren droht (www.zeit.de; 06.04.2010). Die Schüler haben zum

Ökosystem des Barriere-Riffs Vorkenntnisse, da es Gegenstand der vorangegangenen Unterrichtssequenz „Australien / Ozeanien" war. Die Radiomeldung fördert das Hörverstehen und das sprachliche Vermögen der Schüler, da der geographische Gegenstand hier über Sprache vermittelt wird und mündliche Beiträge initiiert (vgl. Czapek 2004, S. 112). Eine mögliche Alternative zur Hinführung wäre der alleinige Einsatz von Bildmaterial, allerdings ginge damit der Schwerpunkt der Sprachbasiertheit zum Teil verloren und auch der Aktualitätsbezug der Radiomeldung. Außerdem werden die Authentizitätswirkung und Motivierungswirkung der Radiomeldung als sehr hoch eingeschätzt.

Die Problematik der Ölverschmutzung sollen die Schüler anschließend in Form eines Experiments in Kleingruppen nachvollziehen. Der Einsatz eines Experiments scheint hier sinnvoll, weil die Schüler dadurch einen handlungsorientierten Zugang zur Problematik erhalten und das kausal-funktionale Denken gefördert wird (vgl. Haubrich 1998, S. 204). Da das Experiment als „Stiefkind" (Wilhelmi 2000, S. 4) des Geographieunterrichts selten Anwendung findet, wurde im Vorfeld bereits ein Experiment zum Verhalten von Süßwasser und Salzwasser durchgeführt. Die Schüler sind also mit dieser experimentellen Lehrform vertraut, so dass ein möglichst unproblematischer Ablauf gewährleistet ist. In der fachdidaktischen Literatur wird vielfach auf die Unterscheidung zwischen Experiment und Versuch hingewiesen, unter der Bezeichnung „experimentelle Lehrform" kann jedoch beides subsumiert werden (Lethmate 2006, S. 6). Die Nutzung eines Experiments leistet weiterhin einen Beitrag zum wissenschaftspropädeutischen Arbeiten (vgl. KMLSA 2003, S. 30) und erfüllt die Maßgaben der Bildungsstandards (DGFG 2007, S. 20f.). Um die Leistungsheterogenität der Lerngruppe vorteilhaft nutzen zu können, erfolgt die Zusammensetzung der Kleingruppen differenziert nach dem Leistungsvermögen der Schüler. Innerhalb der Kleingruppe wird ein Versuchsleiter festgelegt und die Durchführung wird von jedem Schüler auf einem separaten Arbeitsblatt festgehalten.

In der Transferphase sollen die Schüler anhand einer schematischen Abbildung die Auswirkungen einer Ölpest systematisch beurteilen (Folie 3).

Am Ende der Stunde wird eine Hausaufgabe erteilt, die wiederholenden und systematisierenden Charakter hat, wobei die Schüler hier die Folgen der Ölverschmutzung nun auch in schriftlicher Form sichern.

7 Verlaufsplan

verwendete Abkürzungen: AB (Arbeitsblatt); EA (Einzelarbeit); GA (Gruppenarbeit); PA (Partnerarbeit); SuS (Schülerinnen und Schüler); UG (Unterrichtsgespräch);

Zeit	Phase / didaktische Funktion	L-S-Aktivitäten	Sozialform / Methode	Medien
10:25	Einstieg/ Motivierung Zielorientierung	SuS beschreiben und interpretieren eine Karikatur über die Meeresverschmutzung	UG	Folie 1
10:30	Erarbeitung / Auswertung Erarbeitung	SuS werten Kreisdiagramm über Quellen der Meeresverschmutzung aus SuS erarbeiten arbeitsteilig die verschiedenen Arten des Eintrags von Schadstoffen + Beispiele	UG EA	LB S. 88, Abb. 1 LB S. 88, Text
10:40	Ergebnissicherung Hinführung	SuS notieren Ergebnisse an der Tafel SuS hören Radiomeldung „Öl im Paradies – Frachterunglück im Great Barrier Reef" (Dauer: 16 Sekunden)		Tafel Radiomeldung, Folie 2, Wandkarte
10:45	Erarbeitung/ Ergebnissicherung	SuS führen ein Experiment zum „Ölpest – Gefahr für die Meere" durch Auswertung	GA UG	diverse Materialien (siehe Versuchsaufbau) → AB
11:00	Transfer	Erkläre die Ausbreitung des Öls vom Unfallort zur Küste und beschreibe mögliche Folgen für die Umwelt!		Folie 3
11:10	Verabschiedung	Erteilung der Hausaufgabe		Lehrbuch S. 88, Nr. 1 in Verbindung mit Abb. 2

8

8   Literaturverzeichnis

Czapek, F.-M. (2004): Sprachliche Bildung im Geographieunterricht. In: Schallhorn, E.: Erdkunde Methodik. Handbuch für die Sekundarstufe I und II. S. 111-113.

DGFG – Deutsche Gesellschaft für Geographie (2007): Bildungsstandards im Fach Geographie für den mittleren Schulabschluss – mit Aufgabenbeispielen. 3. durchgesehene und erweiterte Auflage.

Haubrich, H. (1998): Didaktik der Geographie konkret. München.

Hell, K. (2005): Wasser. Experimente aus dem Küchenschrank. Gotha.

Himbert, S. (2006): Schwarzes Gold. Erdöl aus der Nordsee. In: Praxis Geographie. Jg. 36, Heft 9, S. 38-41.

Protze, N. & M. Colditz (Hrsg.), (2005): Diercke Geographie Klasse 9. Gymnasium. Sachsen-Anhalt. Braunschweig.

KMLSA – Kultusministerium des Landes Sachsen-Anhalt (2003): Rahmenrichtlinien Gymnasium. Geographie. Schuljahrgänge 5-12. Quedlinburg.

Leser, H. (Hrsg.), (2001): Wörterbuch Allgemeine Geographie. 12. Auflage. München.

Lethmate, J. (2006): Experimentelle Lehrformen und Scientifc Literacy. In: Praxis Geographie. Jg. 36, Heft 11, S. 4-11.

Meyer, H. (2005): Unterrichtsmethoden II: Praxisband. Berlin.

Rinschede, G. (2005): Geographiedidaktik. 2. aktualisierte Auflage. Paderborn.

van Bernem, C. & Th. Lübbe (1997): Öl im Meer. Darmstadt.

Wilhelmi, V. (2000): Experimente im Geographieunterricht. In: Praxis Geographie. Jg. 30, Heft 9, S. 4-7.

Radiobeitrag
Öl im Paradies: Frachterunglück im Great Barrier Reef. [URL: www.wdr2.de; 04.04.10]

9 Anhang

9.1 Tafelbild

Begriffe	Gefährdung der Weltmeere			14.04.2010
	direkter Eintrag	*Eintrag durch Flüsse*	*Eintrag durch Atmosphäre*	
Ölpest Ölteppich	*- defekte Pipelines* *- Lecks an Tankern* *- Müllverklappung*	*- Schwermetalle aus Industrie* *- Stickstoff aus Landwirtschaft* *- Waschmittelrückstände*	*- Verbrennungsreste* *- Blei aus Autoabgasen* *- radioaktive Stäube aus Reaktorunfällen*	Hausaufgabe Lehrbuch S. 88 Nr. 1 + Abb. 2

Zusammensetzung der Kleingruppen

Gruppe 1: XXXXXXXXXXXXXXXXXX

Gruppe 2: XXXXXXXXXXXXXXXXXX

Gruppe 3: XXXXXXXXXXXXXXXXXX

Gruppe 4: XXXXXXXXXXXXXXXXXX

Gruppe 5: XXXXXXXXXXXXXXXXXX

Gruppe 6: XXXXXXXXXXXXXXXXXX

Gruppe 7: XXXXXXXXXXXXXXXXXX

9.2 Arbeitsmaterialien

<u>Folie 1</u>

Quelle: Handreichung von Ute Irmscher, Fachweiterbildung Geographie vom 02.03.2010

Quellen der Meeresver-
schmutzung
(Durchschnittswerte auf
der Basis von rd. 3,6
Mio. t Einträgen pro
Jahr)

Quelle: Protze & Colditz
2005, S. 88

Lehrbuchtext

Abbildung wurde aus urheberrechtlichen Gründen geschwärzt.

Quelle: Protze & Colditz 2005, S. 88

Folie 2

Abbildung wurde aus urheberrechtlichen
Gründen geschwärzt.

Tankerunglück am Great Barrier Reef   Quelle: www.blick.ch (06.04.2010)

Folie 3

Abbildung wurde aus urheberrechtlichen Gründen geschwärzt.

Ölpest – Gefahr für Mensch und Natur   Quelle: Himbert 2006, S. 41

Ölpest – Gefahr für die Meere

Name: **Datum:**

Material: 2 flache Schälchen, 1 Löffel, Wasser, Speiseöl, Holzspäne

Versuchsanleitung   **Versuchsaufbau**

→ **Teil 1**
- *Fülle eine flache Schale mit Wasser.*
- *Gib 3-4 Esslöffel Speiseöl dazu.*

Beobachtung: _____

Schlussfolgerung: _____

_____

→ **Teil 2**
- *Versuche, das Öl mit dem Löffel von der*
  Wasseroberfläche abzuschöpfen.

Beobachtung: _____

_____

→ **Teil 3**
- *Streue die Holzspäne auf das Öl.*
- *Versuche erneut, das Öl zusammen*
  mit den Holzspänen abzuschöpfen.

Beobachtung: _____

Schlussfolgerung: _____

_____

Quelle: Hell 2005, S. 17

14

Ölpest – Gefahr für die Meere

Name: _____ Datum: _____

Material: 2 flache Schälchen, 1 Löffel, Wasser, Speiseöl, Holzspäne

Versuchsanleitung   **Versuchsaufbau**

→ Teil 1
- Fülle eine flache Schale mit Wasser.
- Gib 3-4 Esslöffel Speiseöl dazu.

Beobachtung: *Öl schwimmt auf dem Wasser und bildet Ölflecke, es vermischt sich nicht mit dem Wasser*

Schlussfolgerung: *das Öl ist leichter als Wasser*

→ Teil 2
- Versuche, das Öl mit dem Löffel von der Wasseroberfläche abzuschöpfen.

Beobachtung: *das Öl lässt sich nur schwer mit dem Löffel abschöpfen, da es vom Wasser verdrängt wird und vom Löffel heruntertropft*

→ Teil 3
- Streue die Holzspäne auf das Öl.
- Versuche erneut, das Öl zusammen mit den Holzspänen abzuschöpfen.

Beobachtung: *das Öl verbindet sich mit den Holzspänen und lässt sich besser abschöpfen*

Schlussfolgerung: *die Holzspäne wirken als Bindemittel und können zur Beseitigung von ausgelaufenem Öl verwendet werden*

Abbildung wurde aus urheberrechtlichen
Gründen geschwärzt.

Quelle: Protze & Colditz 2005, S. 88

Aufgabe: Erkläre, wie die Verschmutzung der Meere uns schädigen kann!